U0344046

彝伦长德 翰墨文心

为吴炳石、吴之、杨草山、翰民三人展题贺

丁酉之夏 連辑书

中国艺术研究院院长连辑
题贺：彝伦长德 翰墨文心

题签：[illegible] 翰墨文心

中国艺术研究院[illegible]

吴悦石
莫　言
杨华山

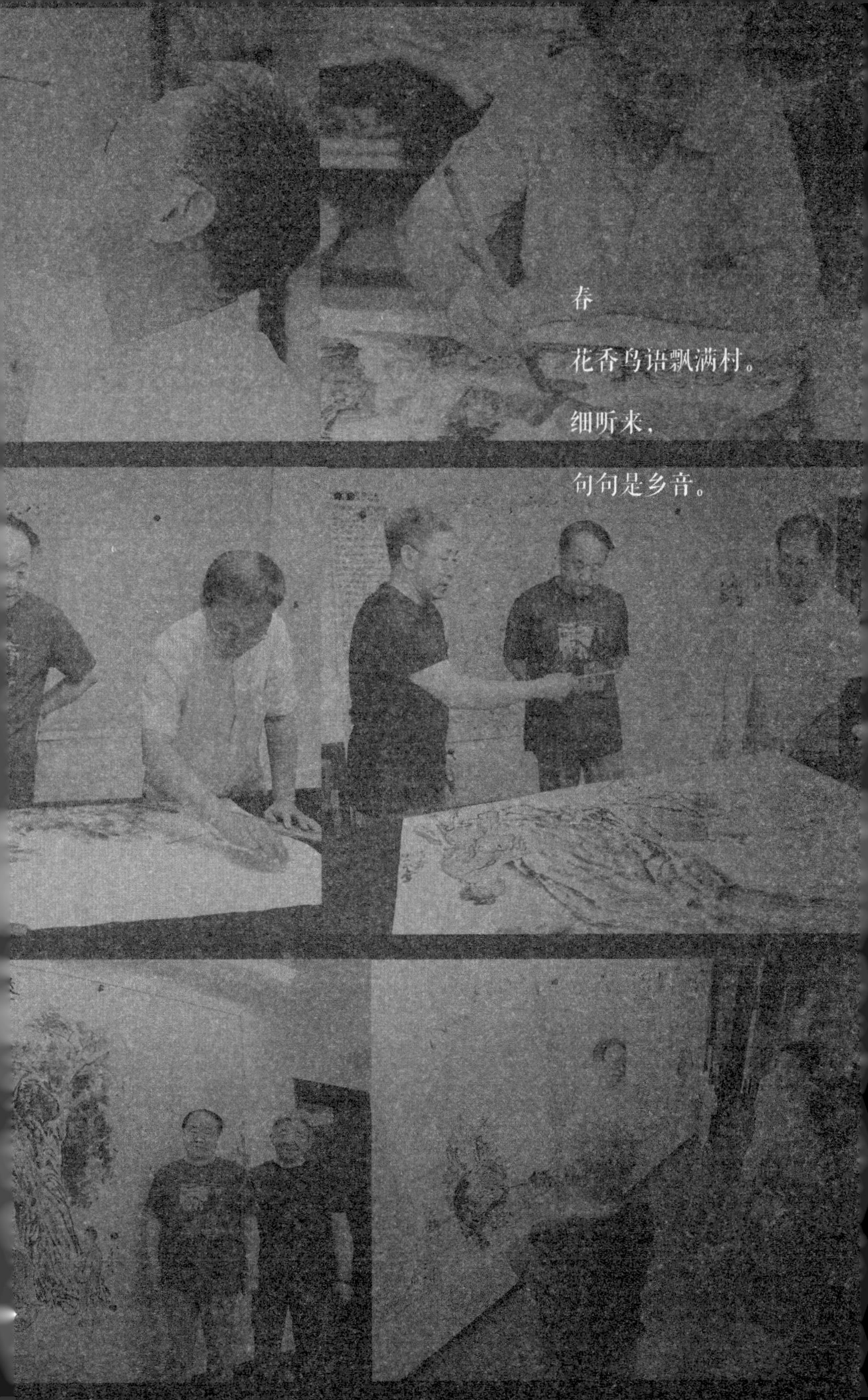

春

花香鸟语飘满村。

细听来，

句句是乡音。

吴悦石　三人行必有我师

七賢皆是人中龍
琴棋書畫樣樣通
非是諸君好醉酒
只因天下不太平

竹林七

青山画人物
悦石补景

三人行必有我師

悦石

老子文章道德經

莫言撰書

圣人雅言普通话，
老子文章道德经。
莫言撰书。
说得都是大实话。
丁酉闰六月，莫言题。
华山人物，悦石补景。

圣人能言普通话

三人行 求其真

吴悦石 / 文

自伏羲画卦，文化肇始，乃成今日之大观。莫言兄以悲天悯人之心，穷人间万物之态，高怀大义，化为文字，遂享殊荣于天下，文余笔瀚，亦不掩其真。诸多品题寓正于谐，庄谐之际，妙语连珠，或文或白，或歌或偈，隐隐心痛，不做洒泪之状，赤子之心，令人感佩。

华山兄以先贤为题，普世为怀，以老拙之笔，托锦心于笔端。纵横涂抹，不求工致，而神趣自生，令人浮想联翩。艺术之所以传世，皆以其真也。为真难。为真在品，为真在格。为真在胆，为真在识。为真在襟抱，为真在平常。三人行求其真也。

余于二友相合，三人终有行矣。行之远近，有待时日。艺无止境，学海无涯，前人有皓首读经，不坠青云之志，我辈躬身践行，不误三人之意。挽手前行，余身有荣焉。

春夜宴桃李园诗意图

夫天地者万物之逆旅；光阴者百代之过客（也）。
而浮生若梦，为欢几何？古人秉烛夜游，良有以也。
况阳春召我以烟景，大块假我以文章。会桃李（花）之芳园，序天伦之乐事。
群季俊秀，皆为惠连；吾人咏歌，独惭康乐。幽赏未已，高谈转清。开琼筵以坐花，飞羽觞而醉月。不有佳作（咏），何伸雅怀？如诗不成，罚依金谷酒数。
录李白《春夜宴桃李园序》以彰悦石、华山二兄。
丁酉夏，莫言。
丁酉夏，华山画人物，悦石补春色。

夫天地者萬物之逆旅光陰者
百代之過客而浮生若夢為歡幾
何古人秉燭夜遊良有以也況陽
春召我以煙景大塊假我以文章
會桃李之芳園序天倫之樂事
群季俊秀皆為惠連吾人詠
歌獨慚康樂幽賞未已高談
轉清開瓊筵以坐花飛羽
觴而醉月不有佳作何伸雅
懷如詩不成罰依金谷酒數
錄李白春夜宴桃李園序 畫意
以彰悅石華山二兄
丁酉夏莫言

1	2	3	4	5	6	7
8	9	10	11	12	13	14
15	16	17	18	19	20	21
22	23	24	25	26	27	28
29	30	31				

Mon._ _

Tue._ _

Wed._ _

Thur._ _

Fri._ _

Sat._ _

Sun._ _

孔子读易图

韦编三绝读《易经》，圣人也要下苦功。

吾侪多是庸常辈，悬梁刺股始能成。

莫言敬题。

华山画孔子读易，悦石补成。

韋編三絶讀易經
聖人也要下苦功
吾儕多是庸常輩
懸梁刺骨始能成

萁言敬題

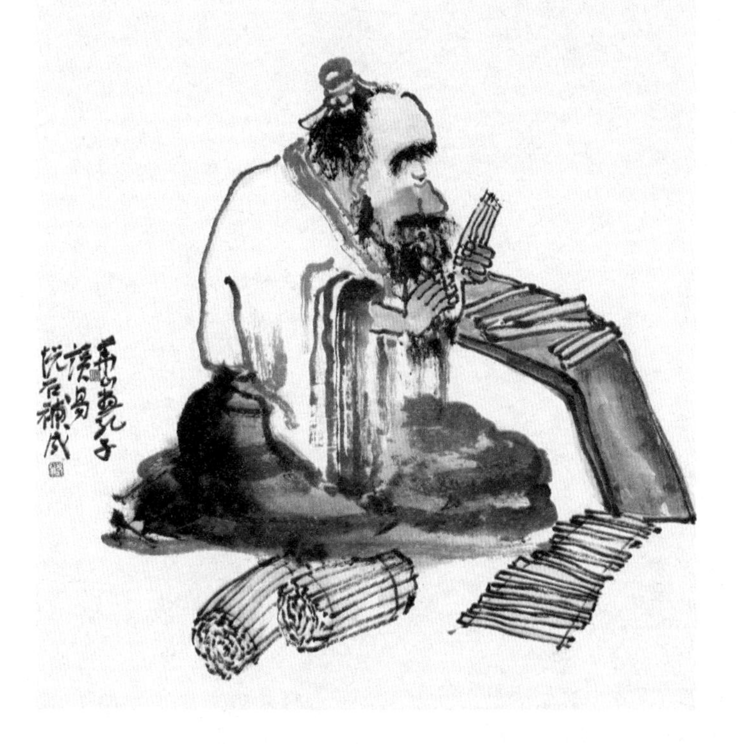

Mon.

Tue.

Wed.

Thur.

Fri.

Sat.

Sun.

鱼乐图

老叟持笛石上坐，欲吹何调费琢磨。
只恐曲高无人赏，两只小鱼偷着乐。
丁酉夏，莫言戏题。
丁酉夏，悦石补景。华山画人。

老叟持笛石上坐欲
吹何調費琢磨只恐曲
高無人賞為只小魚偏着樂
丁酉夏莫言戲題

Mon._ _

Tue._ _

Wed._ _

Thur._ _

Fri._ _

Sat._ _

Sun._ _

抚琴图

华山画人物，悦石补竹。

Mon.

Tue.

Wed.

Thur.

Fri.

Sat.

Sun.

青竹黄鹂图

庭院东侧竹百枝，常有黄鹂梢头啼。
恨无灵感通鸟语，问尔江南新消息。
打油诗，恭请悦石先生配画。
丙申，莫言。
丁酉上元节，悦石画。

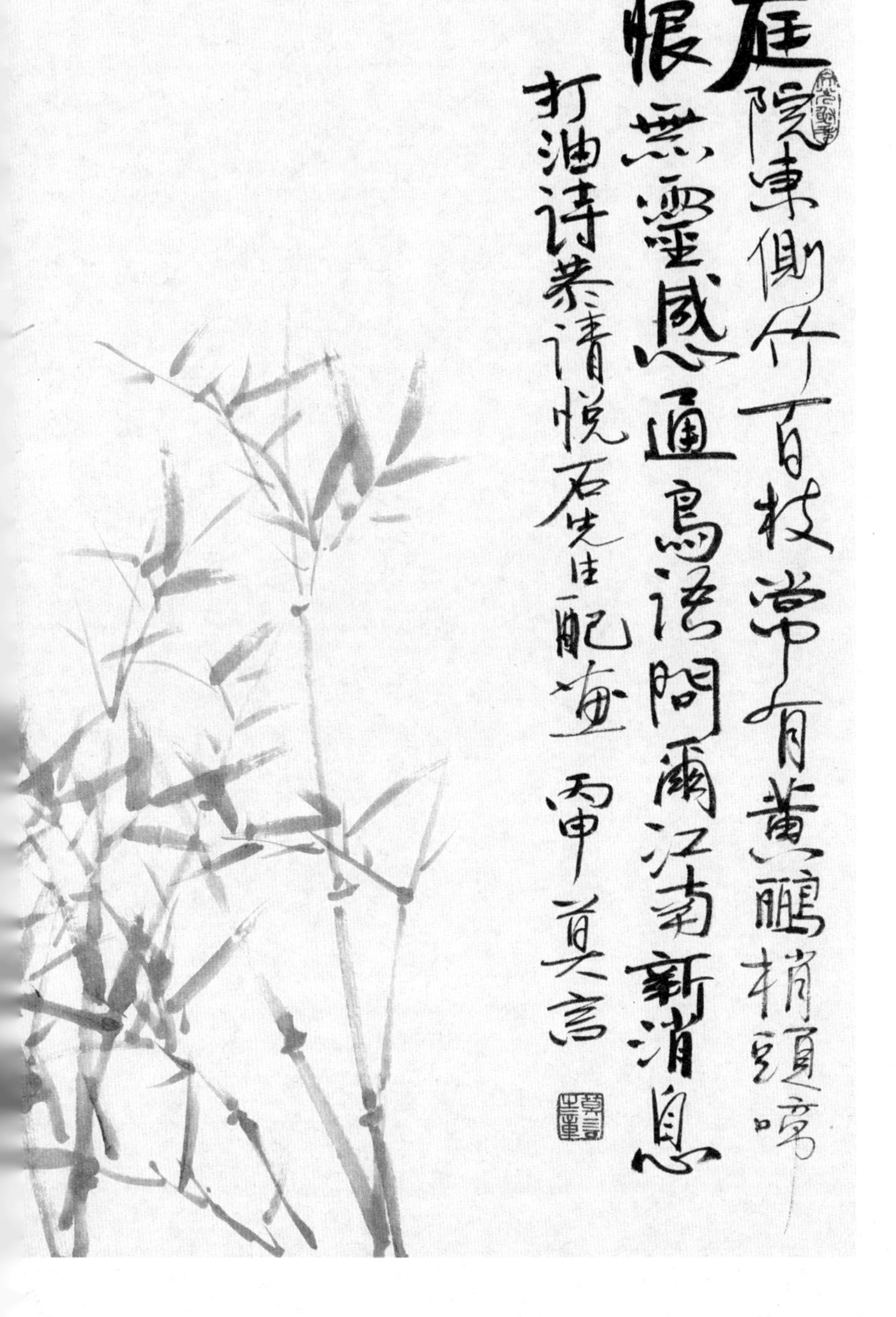
庭院东侧竹百枝常有黄鹂梢头啼
恨无灵感通鸟语问尔江南新消息
打油诗恭请悦石先生配画 丙申 莫言

Mon.________________________________

Tue.________________________________

Wed.________________________________

Thur.________________________________

Fri.________________________________

Sat.________________________________

Sun.________________________________

榆荚小鸟图

榆荚新绽色鹅黄，小鸟啄食上下忙。
此物当年甚金贵，一树可充半月粮。
丙申，莫言题。
丁酉上元节，悦石。

榆荚熟绽色鹅黄
小鸟啄食上下忙
此物当年无金贵
一树可充半月粮
丙申 莫言 题

丁酉上元节

1 2 3 4 5 6 7

8 9 10 11 12 13 14

15 16 17 18 19 20 21

22 23 24 25 26 27 28

29 30 31

Mon._ _

Tue._ _

Wed._ _

Thur._ _

Fri._ _

Sat._ _

Sun._ _

梅郎图

粉墨登场羞倒半朝女子，
蓄须明志雄起一国男儿。
为华山兄画梅郎图题。
丁酉，莫言。

粉墨登場羞倒半朝女子
蓄須明志雄起一國男兒
為葉山兄畫梅郎圖題
丁酉莫言

Mon.________________________________

Tue.________________________________

Wed.________________________________

Thur.________________________________

Fri.________________________________

Sat.________________________________

Sun.________________________________

参天古木图

入大森林见奇境，巨木参天挂蟒藤。
一绺阳光射下来，百鸟齐唱欢乐颂。
丁酉春，打油诗记梦中景象，
恭请悦石大师配画释梦，惭愧。
莫言。
丁酉夏月，悦石补景。

入大森林見奇境巨木參天掛蟒藤一路陽光射下來百鳥齊唱歡樂頌

丁酉春打油詩记夢中景象恭請悅石大師配画釋梦慚愧

莫言

Mon.______________________________

Tue.______________________________

Wed.______________________________

Thur.______________________________

Fri.______________________________

Sat.______________________________

Sun.______________________________

丁酉春，华山画人物，悦石补景并记。

Mon._ _

Tue._ _

Wed._ _

Thur._ _

Fri._ _

Sat._ _

Sun._ _

坐禅图

深山野岭老树枯藤，
涧中流水枝头鸟鸣，
人生如梦诸般幻景。
丙申冬月，莫言题。
华山画人物，悦石补景。

坐禪圖
深山野嶺老樹枯藤

Mon.____________________________

Tue.____________________________

Wed.____________________________

Thur.____________________________

Fri.____________________________

Sat.____________________________

Sun.____________________________

农归图

开辟荒滩种桑麻，东北乡里有我家。
天高地僻皇帝远，荷锄归来看晚霞。
悦石公画正。莫言。
丁酉夏，悦石。

開辟荒灘種桑蔴東北鄉裏有我家天高地僻皇帝遠荷鋤歸來看晚霞
悅石公畫之
莫言
丁亥冬
悅石

Mon._ _

Tue._ _

Wed._ _

Thur._ _

Fri._ _

Sat._ _

Sun._ _

倚石问草图

倚石问草图
莫言题。
丁酉夏月，悦石补景。
怀古景仰前贤，丁酉夏月，华山摹古。

倚石問草圖

莫言題

1	2	3	4	5	6	7
8	9	10	11	12	13	14
15	16	17	18	19	20	21
22	23	24	25	26	27	28
29	30	31				

Mon.________________________________

Tue.________________________________

Wed.________________________________

Thur.________________________________

Fri.________________________________

Sat.________________________________

Sun.________________________________

谁人知我是鸟精，暂栖人间观世情。
一朝谱成通灵曲，抖擞翅膀飞苍穹。
丁酉春，打油句，恭请悦石方家笑之。莫言。
丁酉夏月，悦石补景。

誰人知我是鳥精
暫棲人間觀世情
一朝譜成通靈曲
抖擻翅膀飛蒼穹

丁酉春打油句恭請
悦石方家笑

莫言

Mon.____________________________

Tue.____________________________

Wed.____________________________

Thur.____________________________

Fri.____________________________

Sat.____________________________

Sun.____________________________

图片来源：松风竹云处

夏

村前村后一幅画。

午饭后，

纳凉大树下。

三人行必有我师

莫言

我为圣人挑书柜，谁帮教主赶牛车。
莫言撰书。
紫气东来。
莫言。
华山画人物，悦石补成。

永為聖人挑書櫃
紫氣東來
莫言

莫言 / 文

吾乡有谚曰:“学艺当拜名师,对弈必寻高手。”古来艺有所成者,多半不避谫陋,敢在名家大师面前献艺求教也。又闻友人曰:“不畏讥讽方能立志,不惧批评方能进步。”此亦我参加联展之私心也。

悦石先生是我敬仰日久的书画名家,多年前即曾登门求教,得益多矣。吾曾聆听悦石先生谈艺,又见其作画、写字,此生有幸也。先生创作时无丝毫表演做作之态,有散淡自由挥洒之意,而笔墨到处,纸上已是五彩缤纷,诗意盎然。敢在、能在悦石先生画侧题词,是我一大光荣,将来可为在晚辈面前夸耀之资。

华山先生,吾兄也。同事十载,相知益深。他是多面手,能写能画,亦是诸多艺展活动的策划组织者。吾乡高密的“红高粱文化节”得华山兄助力多矣。华山兄能写崎岖崚嶒的篆字,又能画古奥灵异的人物,令我钦羡而向往之。

子曰:“三人行,必有我师焉。”吴、杨二先生在书画方面毫无疑问是我的老师。古人云:“老而好学,如炳烛之明。”吾当以此为起点,努力学习,争取进步。(节选)

三更夜读图

秉烛夜读过三更，案侧红荷歪头听。
金榜题名秀才梦，抖擞精神到天明。
莫言题。
丁酉，华山。悦石补景。

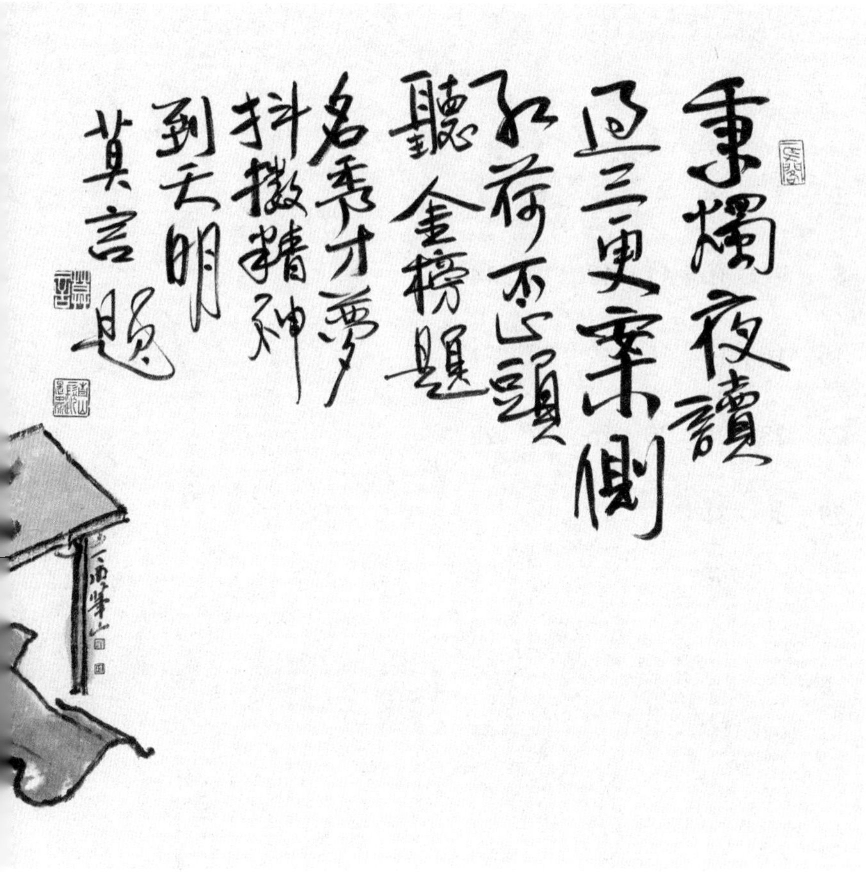

秉燭夜讀過三更案側紅荷不忍頭聽金榜題名秀才夢抖擻精神到天明

莫言題

1 2 3 4 5 6 7

8 9 10 11 12 13 14

15 16 17 18 19 20 21

22 23 24 25 26 27 28

29 30 31

Mon._ _

Tue._ _

Wed._ _

Thur._ _

Fri._ _

Sat._ _

Sun._ _

悟道

登上高峰，可做长啸。
读书得趣，当浮大白。
人生境界，率真而已。
丁酉闰六月，莫言。
杨华山画人物，悦石补景并记。

登上高峰
可做長嘯
讀書得趣
當浮大白
人生境界
率真而已
丁酉閏六月
莫言

Mon._ _

Tue._ _

Wed._ _

Thur._ _

Fri._ _

Sat._ _

Sun._ _

劈柴图

小曲好唱口难开，大斧劈柴真快哉。
一身大汗挥如雨，忽有灵感天外来。
丁酉二月，打油诗，恭请悦石先生大方家教正。
齐人莫言。
丁酉夏月，悦石补图。

小曲好唱口難開
大斧劈柴真快哉
一身大汗揮如雨
忽有靈感天外來
丁酉二月打油詩恭請
悅石先生大方家教正
齊人 莫言

Mon._ _

Tue._ _

Wed._ _

Thur._ _

Fri._ _

Sat._ _

Sun._ _

垂纶图

钓钓钓，大鱼不到小鱼到。

如果小鱼也不到，老夫依然乐陶陶。

丙申，莫言。

华山画人物，悦石补景。

釣釣釣，大魚不到小魚到，如果小魚也不到，老夫依然樂陶陶。

丙申 莫言

Mon._ _

Tue._ _

Wed._ _

Thur._ _

Fri._ _

Sat._ _

Sun._ _

绿竹锦鸡图

万马齐暗天下黑，雄鸡一唱东方红。
天生奇才必有用，能忍即是大英雄。
丁酉二月，打油诗。
因逢鸡年，故有此句，方家一哂。
莫言。
丁酉夏，悦石。

萬馬齊喑天下黑
雄鷄一唱東方紅
天生奇才必有用
能忍即是大英雄
丁酉二月打油詩
因逢鷄年故借此
句方家一哂 莫言

Mon._ _

Tue._ _

Wed._ _

Thur._ _

Fri._ _

Sat._ _

Sun._ _

童子读书图

十分聪明用八分，留下二分给儿孙。
此是吾乡老人语，写与诸君供思忖。
丁酉春二月，打油诗，请悦石先生配画。
莫言。
丁酉夏月，悦石补图。

十分聰明用六分，留四分給兒孫。此是吾鄉老人語，寫與諸君供思忖。

丁酉春二月打油詩

請悅石先生配画

莫言

Mon._ _

Tue._ _

Wed._ _

Thur._ _

Fri._ _

Sat._ _

Sun._ _

消夏图

骂声如雷滚滚来，牛毛塞耳不听闻。
乐观蚂蚁爬高树，笑看天边火烧云。
丁酉二月，打油诗，悦石先生两哂。
莫言。悦石补图。

罵聲如雷滾滾來
牛毛塞耳不聽聞
樂觀螞蟻爬高樹
笑看天邊火燒雲
丁酉二月打油詩
悦石先生古哂 莫言

1	2	3	4	5	6	7
8	9	10	11	12	13	14
15	16	17	18	19	20	21
22	23	24	25	26	27	28
29	30	31				

Mon._ _

Tue._ _

Wed._ _

Thur._ _

Fri._ _

Sat._ _

Sun._ _

读书不为稻粱谋，写字可以换酒钱。
名利皆是身外物，相逢一笑胜万言。
录旧日打油诗，恭请悦石先生画正。
莫言。
丁酉夏月，悦石写莫言兄诗意于快意斋。

讀書不為稻粱谋
寫字可以換酒錢
名利皆是身外物
相逢一笑勝千言
錄舊打油詩恭请
悦石先生道正 莫言

Mon.______________________________

Tue.______________________________

Wed.______________________________

Thur.______________________________

Fri.______________________________

Sat.______________________________

Sun.______________________________

赏荷图

华山画人物，悦石补荷。

Mon.________________________________

Tue.________________________________

Wed.________________________________

Thur.________________________________

Fri.________________________________

Sat.________________________________

Sun.________________________________

华山画人物，悦石补景。

Mon._ _

Tue._ _

Wed._ _

Thur._ _

Fri._ _

Sat._ _

Sun._ _

酒仙图

酒逢知己千杯少，话不投机更要说。
莫言题。

酒逢知己千杯少

Mon.______________________________

Tue.______________________________

Wed.______________________________

Thur.______________________________

Fri.______________________________

Sat.______________________________

Sun.______________________________

华山画人。悦石补松。

Mon.________________________________

Tue.________________________________

Wed.________________________________

Thur.________________________________

Fri.________________________________

Sat.________________________________

Sun.________________________________

渔樵对酌图

渔樵对酌图
你打鱼我砍柴，哥俩相逢酒三杯。
你好我好大家好，劳动人民最开心。
丙申冬，莫言题。
华山画人物，悦石补景。

漁樵對酌圖
你打魚我砍柴哥倆相逢
飄三杯你好我好大家好勞動
人民最開心
丙申冬 莫言題

1	2	3	4	5	6	7
8	9	10	11	12	13	14
15	16	17	18	19	20	21
22	23	24	25	26	27	28
29	30	31				

Mon._ _

Tue._ _

Wed._ _

Thur._ _

Fri._ _

Sat._ _

Sun._ _

图片来源：松风停云处

秋

有朋来自五大洲。

东海岸，

相约看海鸥。

三人行必有我师

丁酉春，华山画人物，悦石补景并题。

三人行皆为我师

杨华山 / 文

莫言老师题诗作文，吴悦石先生把握全局。形式上，有莫言老师先题诗的命题创作，也有我先画人、吴悦石老师补景，莫言老师最后题诗点题。其实，画画上的“题头”，把文学和艺术结合起来，也是我国绘画上的传统。

自宋代苏东坡肇始，盛于元代，明清继之，直至现代，源源不绝。如果“题头”内容好，书法好，墨色浓淡配合得调和，题在画面上的位置得体，会使画面主题突出，意境延伸。吴悦石先生学养全面、内涵厚重；莫言先生满腹珠玑、鸿儒硕学，腹有诗书气自华，两位先生点石成金、化腐朽为神奇的功力了得。吾每感佩之余，尤深深体会到画之气韵、古趣和画外功力的不易得，关乎学养和天分。

从艺如做人。创作过程中，两位先生“放下”和“自适”，不为钱累、不为物累、不为心累的境界令我敬仰。艺术只有在这样放松的状态下，才能够看清自己，如果带着功利主义、实用主义来创作，会离其纯粹性越来越远。

三人行，皆为我师，和吴悦石、莫言二位老师合作，这种机会很难有第二次，我的收获还需在未来慢慢咀嚼回味……（节选）

金风吹拂菊花黄，长空万里雁成行。
四时轮回皆有序，万物生长靠太阳。
莫言题。
悦石先生补景，华山画人。

金风吹拂菊花黄
長空萬里雁成行
四時輪迴皆有序
萬物生長靠太陽
莫言 題

悦石先生補景
華山寫人

Mon._ _

Tue._ _

Wed._ _

Thur._ _

Fri._ _

Sat._ _

Sun._ _

奇文写给知音读，美酒酿成与友酌。
一束黄菊身边放，人生滋味细琢磨。
丙申岁尾，莫言题。
华山画人物，悦石补景。

奇文寫給知音讀
美酒釀成與友酌
一朵黄菊身邊放
人生滋味細琢磨
丙申末尾莫言題

1	2	3	4	5	6	7
8	9	10	11	12	13	14
15	16	17	18	19	20	21
22	23	24	25	26	27	28
29	30	31				

Mon._ _

Tue._ _

Wed._ _

Thur._ _

Fri._ _

Sat._ _

Sun._ _

好时光

忆昔糠菜半年粮，老人捋须谈理想。
吃上地瓜小豆腐，便是人间好时光。
恭请吴悦石先生画正。
丁酉六月，莫言。
丁酉夏，写莫言先生诗意，悦石。

憶昔糠菜半年糧
老人捋須談理想
喫了地瓜小豆腐
便是人間好時光
茶請吳悅石先生賞正
丁酉六月莫言

Mon.____________________________

Tue.____________________________

Wed.____________________________

Thur.____________________________

Fri.____________________________

Sat.____________________________

Sun.____________________________

读书饮茶图

读书得趣，饮茶知味，
乃人生两大乐事。
丙申，莫言题。
华山画人物，悦石补景。

讀書得趣飲茶
知味乃人生之大樂了

Mon.______________________________

Tue.______________________________

Wed.______________________________

Thur.______________________________

Fri.______________________________

Sat.______________________________

Sun.______________________________

八月中秋月光明，吾乡又见高粱红。
新酒酿成我先饮，不觉醉倒小桥东。
丙申中秋回故乡，老友以新酿高粱酒待我，
不觉中大醉，打油诗记之，
恭请悦石先生巨笔添趣。
莫言。
丁酉夏，悦石补画。

八月中秋夕光明
吾鄉又見高粱
紅新粟釀成我
先飲不覺醉倒
小橋東

丙申中秋回故鄉老友
以新釀高粱酒待我
不覺中大醉打油詩
記之恭請悦石先生
亘筆系涯 莫言

Mon.

Tue.

Wed.

Thur.

Fri.

Sat.

Sun.

东坡玩砚图

踏天割得紫云来，千琢万磨放神彩。
不知玩砚能丧志，谁识此老是何人。
丙申，莫言题。
丁酉上元节，华山画人物，悦石补儿案雅器。

踏天割得紫云来
千琢万磨叹神彩
不知玩砚是

Mon.________________________________

Tue.________________________________

Wed.________________________________

Thur.________________________________

Fri.________________________________

Sat.________________________________

Sun.________________________________

拄杖望金葫，思绪到酒家。
用以储杜康，时时腰下挂。
莫言。
丙申冬月，华山画人物，悦石补葫芦架并记。

1 2 3 4 5 6 7

8 9 10 11 12 13 14

15 16 17 18 19 20 21

22 23 24 25 26 27 28

29 30 31

Mon.________________________________

Tue.________________________________

Wed.________________________________

Thur.________________________________

Fri.________________________________

Sat.________________________________

Sun.________________________________

饮酒东篱边，身后菊花香。
莫忘千里外，游子思故乡。
丁酉盛夏，莫言题。
华山 画人物，悦石补景。

飲酒東籬邊
身後菊花香
莫忘千里外
游子思故鄉
丁酉盛夏
莫言題

Mon._ _

Tue._ _

Wed._ _

Thur._ _

Fri._ _

Sat._ _

Sun._ _

潮声如雷贯耳来，面对湖山独徘徊。
桂花遍地如金屑，秋风飒飒入我怀。
悦石先生画正。
莫言。
丁酉夏，悦石补。

潮聲如雷
貫耳來
面對湖山
獨徘徊桂
花遍地如
金屑秋風
颯颯入我懷
悅石先生畫正
莫言

Mon. _

Tue. _

Wed. _

Thur. _

Fri. _

Sat. _

Sun. _

红柿金秋

红柿金秋。

丁酉闰六月初三，莫言题。

丁酉夏，悦石写。

紅柿金秋
丁酉閏六月初三
莫言題

Mon.________________________________

Tue.________________________________

Wed.________________________________

Thur.________________________________

Fri.________________________________

Sat.________________________________

Sun.________________________________

枇杷

枇杷开春第一果，色如黄金汁如蜜。
贵妃若识庐橘味，也许不再嗜荔枝。
莫言题。
丁酉，悦石。

枇杷開春第一菓色
如黃金汁如蜜貴妃
若識盧橘味也許不再
嗜荔枝 莫言題

Mon._ _

Tue._ _

Wed._ _

Thur._ _

Fri._ _

Sat._ _

Sun._ _

思

时光如梭不停机，独立寒秋若有思。
幸亏羽翼已丰满，飞向江南寻旧诗。
丁酉闰六月初三，莫言题。
悦石写。

時光如梭不停擲獨立寒秋若有思
幸虧羽翼已豐滿飛向江南尋舊詩
丁酉閏六月初三
莫言題

1	2	3	4	5	6	7
8	9	10	11	12	13	14
15	16	17	18	19	20	21
22	23	24	25	26	27	28
29	30	31				

Mon.______________________________

Tue.______________________________

Wed.______________________________

Thur.______________________________

Fri.______________________________

Sat.______________________________

Sun.______________________________

夸富炫财百世病，诉苦卖穷新流行。
老夫 虽然两耳背，弦外之音听得清。
丁酉春二月，打油诗讽当今世态，
恭请悦石先生配写意画，不胜荣幸之极也。
莫言。
丁酉夏月，悦石补画。

誇富炫財百世病
訴苦賣窮新流行
老夫雖然两耳背
弦外之音聽得清
丁酉春二月打油詩諷
當今世態恭請
悦石先生配寫意画
不勝榮幸之極也

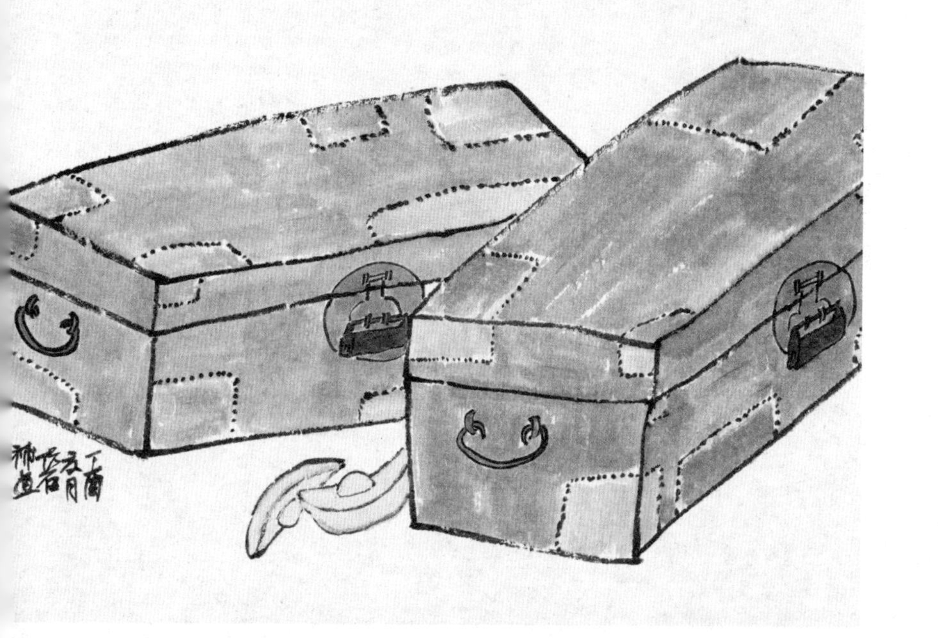

Mon.________________________________

Tue.________________________________

Wed.________________________________

Thur.________________________________

Fri.________________________________

Sat.________________________________

Sun.________________________________

图片来源：杨华山工作室

冬

佳节已在喜庆中。

大街上，

传来爆竹声。

听松图

独坐草庐听松涛，冷月寒星野狼嗥。

鼓角轰鸣英雄胆，千军万马入梦遥。

丙申年冬月，莫言题，吴、杨二先生大作。

华山画人物，悦石补松。

聽松圖
獨坐草
廬聽松
濤冷
月寒

1 2 3 4 5 6 7

8 9 10 11 12 13 14

15 16 17 18 19 20 21

22 23 24 25 26 27 28

29 30 31

Mon.________________________________

Tue.________________________________

Wed.________________________________

Thur.________________________________

Fri.________________________________

Sat.________________________________

Sun.________________________________

坐而论道。
莫言。
华山画人物，悦石补景。

坐而論道
莫言

Mon._ _

Tue._ _

Wed._ _

Thur._ _

Fri._ _

Sat._ _

Sun._ _

梅花高逸图

坐石嗅梅天微凉，老夫心事对谁讲。

地老天荒皇帝远，一头白雪两肩霜。

莫言题。

华山。

丁酉夏月，悦石补景。

坐石嗅梅天微涼
老夫心事對誰講
地老天荒皇帝遠
一頭白雪兩肩霜
其言題
華山

Mon.

Tue.

Wed.

Thur.

Fri.

Sat.

Sun.

老子造像

华山画人物，悦石补松井记。

蕭山畫人物
悅石補松并记

Mon._ _

Tue._ _

Wed._ _

Thur._ _

Fri._ _

Sat._ _

Sun._ _

冬雪春艳图

春光艳丽红玫瑰，冬雪皎洁戏白梅。
画师神笔光阴移，春花冬花可同时。
丁酉闰六月初三，莫言题。
悦石画。

春光艳丽红玫
瑰冬雪皎洁戏
白梅画师神
笔光阴移春
花冬〻也可同时
丁酉闰六月初三
莫言题
悦石画

Mon._ _

Tue._ _

Wed._ _

Thur._ _

Fri._ _

Sat._ _

Sun._ _

骑驴独行图

骑驴过小桥，踏雪寻梅花。
丙申腊月，莫言题。
丁酉上元节，悦石。

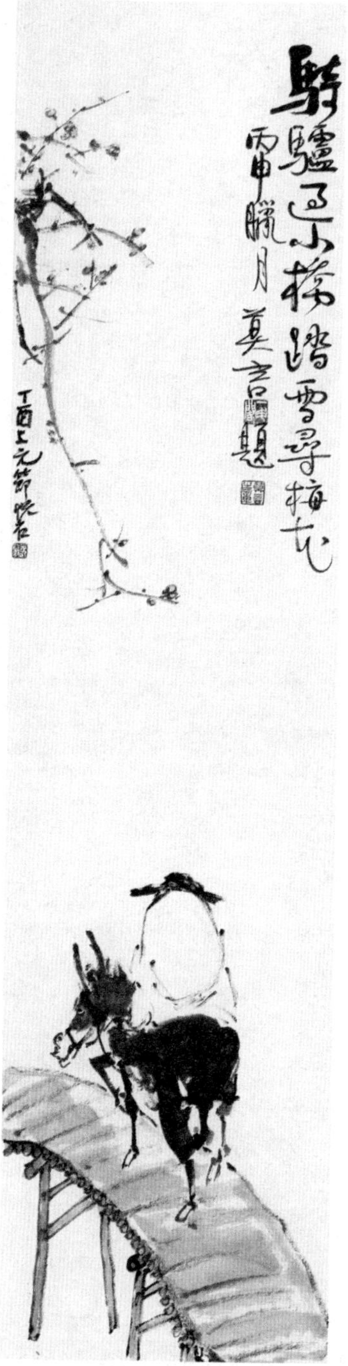

騎驢過小橋踏雪尋梅花
甲申臘月 莫言題
丁酉上元節

Mon.______________________________

Tue.______________________________

Wed.______________________________

Thur.______________________________

Fri.______________________________

Sat.______________________________

Sun.______________________________

花言巧语弄玄虚，东城昨夜天雨粟。
西村今天象生猪，千变万化人之初。
丁酉二月，打油诗，请悦石先生哂正。
莫言。
悦石。

花言巧语弄玄虚
東城昨夜天雨粟
西村今天象生豬
千變萬化人之初
丁酉二月打油诗请
悦石先生哂正
莫言

1 2 3 4 5 6 7

8 9 10 11 12 13 14

15 16 17 18 19 20 21

22 23 24 25 26 27 28

29 30 31

Mon.

Tue.

Wed.

Thur.

Fri.

Sat.

Sun.

雄鸡唱晓

果然是个英雄汉，一唱千门万户开。
丁酉闰六月，莫言题。
悦石写。

果然是個英雄漢
一唱千門萬戶開
丁酉閏六月 莫言題

Mon.________________________________

Tue.________________________________

Wed.________________________________

Thur.________________________________

Fri.________________________________

Sat.________________________________

Sun.________________________________

焚香默坐，消遣世虑。
丁酉闰六月，莫言题。
丁酉夏，悦石画。

Mon.______________________________

Tue.______________________________

Wed.______________________________

Thur.______________________________

Fri.______________________________

Sat.______________________________

Sun.______________________________

雕盼青云睡眼开

雕盼青云睡眼开。

丁酉闰六月，莫言题。

悦石写。

雕盼青雲睡眼開

丁酉閏六月 莫言題

Mon.________________________________

Tue.________________________________

Wed.________________________________

Thur.________________________________

Fri.________________________________

Sat.________________________________

Sun.________________________________

友犬图

打开天窗说亮话，放开肚皮饮老酒。
世上人类得罪遍，身边老犬可为友。
丁酉二月，打油诗，请悦石先生如椽之笔添景。
齐人莫言。
丁酉夏，悦石补景于快意斋。

打開天窗說亮話
放開肚皮飲老酒
世丷人類得罪遍
身邊老犬可為友
丁酉二月打油詩請
悅石先生如椽之筆添景
齋人 黃言

Mon.________________________________

Tue.________________________________

Wed.________________________________

Thur.________________________________

Fri.________________________________

Sat.________________________________

Sun.________________________________

伏案山水图

先贤智语切莫忘，广积粮草缓称王。

一笔不苟画山水，呕心沥血写文章。

丁酉二月初一，打油诗，恭请悦石先生配画。

莫言。

丁酉夏月，悦石配画。

先賢智語切莫
忘廣積糧草
緩稱王一筆不苟
畫山水嘔心瀝
血寫文章

丁酉二月初一打油詩恭請
悅石先生配畫 莫言

Mon._ _

Tue._ _

Wed._ _

Thur._ _

Fri._ _

Sat._ _

Sun._ _

岂有豪情似旧时，
花开花落两由之。
录鲁迅先生七绝悼杨铨。
丁酉二月。
华发无情赋黍离，
何堪尽托魏风诗。
汉皇日晏西王母，
合赐东方酒一卮。
华山题。

豈有豪情似
錄魯迅先生之詩悼楊銓
丁酉六月

1	2	3	4	5	6	7
8	9	10	11	12	13	14
15	16	17	18	19	20	21
22	23	24	25	26	27	28
29	30	31				

Mon.____________________________

Tue.____________________________

Wed.____________________________

Thur.____________________________

Fri.____________________________

Sat.____________________________

Sun.____________________________

偶然想到所記之一

三人行，必有我師。孔夫子的話，其實都是通俗易懂的大實話，當時的人，即便是一個字不識的農夫、牧童也能聽明白。今日我們讀之有障礙，應該是語言變化發展所造成的，並不能因此而以為古人文化水平比我們高。

一部論語所記正是當時人的口語。

研讀歷史人物，我喜歡從日常生活入手。譬如說老子出關所乘青牛在畫家筆下，有畫成直角的，有畫成彎角的，到底是直角還是彎角？應該研究當時的農業、氣候，以及當時的牛當下牛的石刻圖畫。從小處入手，逐漸擴展知識的面，便會有很多的收穫。

二

另外，古人往竹簡木牘上刻字，到底使用的是什麼工具？是刀子還是錐子？這些刻字的工具為什麼一件都沒發現呢？我猜想古人必有很多奇妙的本事沒有流傳下來，否則我們就可以更好地理解歷史、處理現實。

古代人的說話的聲音究竟是什麼調子呢？語音的變化是什麼原因造成的呢？我有一年在歐洲看到一群麻雀在樹上喳喳地鳴叫，突發奇想：如果把這群麻雀弄到我的家鄉，牠們能聽懂我家鄉麻雀的語言嗎？世界上的事情我不懂的太多了！

丁酉冬 真言

写气

人间万物俱精神、惟有生气最可珍。纸上经营无痕迹，依神妙韵是真身。

写韵

笔头韵味画中存、直令观者痴与颠。倘能参悟此中趣、生花三日已成仙。

求势

求势在法亦在心、心高势壮不由人。能有斩蛟擒龙手、平常落笔也清新。

颐性

云卷云舒意自闲、深撷不尽是真言。

[illegible]

茶味掺和书味老、人自淡泊性自元。

颂仓颉 一

天自浑茫万物生、当时谁能记始终。我辈今日承遗泽、一画能使鬼神惊。

二

文字功成百代兴、始从蛮荒到文明。此是先民真至宝、子孙永宝大道兴。

七

结字不废造化功、力由心生大道通。再由使转通情性、便是晋唐法嗣中。

八

况复如铁重千钧、若无层叠欠精醇。撷开成法和心法、笔中生意便成真。

十三 泛舟写意记

[illegible]江南水乡集千家、[illegible]行、平沙远渚鸳鸯宿、烟光[illegible]

十四 望泰山

巍巍泰岱出层云、荡涤千天万古新、[illegible]我是天外自在客、不为人间[illegible]

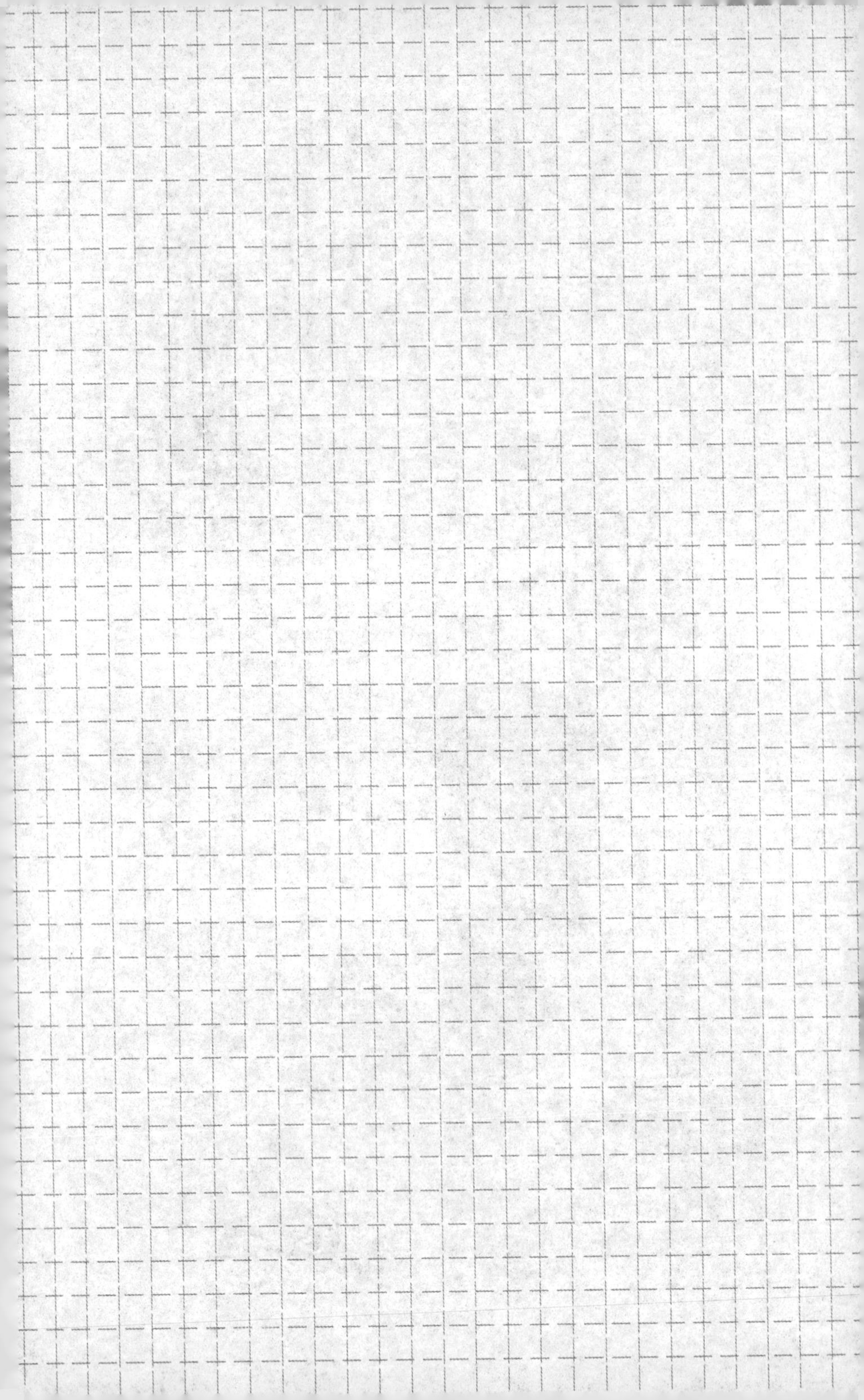

图书在版编目（CIP）数据

大美寻源·翰墨薪传/北京东方博古文化艺术发展有限责任公司编. —北京:北京工艺美术出版社，2017.12

ISBN 978-7-5140-1449-5

Ⅰ.①大… Ⅱ.①北… Ⅲ.①本册 ②文艺-作品综合集-中国-当代 Ⅳ.①TS951.5 ②I217.1

中国版本图书馆CIP数据核字（2017）第313360号

出 版 人：陈高潮

责任编辑：杨世君

封面设计：北京东方手礼文化创意设计有限责任公司

责任印制：宋朝晖

大美寻源·翰墨薪传

北京东方博古文化艺术发展有限责任公司 编

出　版	北京工艺美术出版社
发　行	北京美联京工图书有限公司
地　址	北京市朝阳区化工路甲18号 中国北京出版创意产业基地先导区
邮　编	100124
电　话	（010）84255105（总编室） （010）64283630（编辑室） （010）64280045（发　行）
传　真	（010）64280045/84255105
网　址	www.gmcbs.cn
经　销	全国新华书店
印　刷	廊坊一二〇六印刷厂
开　本	889毫米×1194毫米　1/32
印　张	12
版　次	2017年12月第1版
印　次	2017年12月第1次印刷
印　数	1～10000
书　号	ISBN 978-7-5140-1449-5
定　价	98.00元